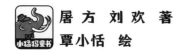
屠方 刘欢 著
覃小恬 绘

你好，中国的房子
侗族的鼓楼

电子工业出版社·
Publishing House of Electronics Industry
北京·BEIJING

　　侗族是一个历史悠久的少数民族，生活在湘、黔、桂三省交界处以及鄂西地区的广大土地上。早在唐宋时期，侗族就已经形成了一个单一的民族。

　　侗族以其独特的文化、厚重的历史以及英雄辈出的光辉事迹著称，成为华夏文明中一道靓丽的人文风景线。而侗族的特色建筑——鼓楼，就是侗族文化体系中的集大成者。

侗族在古代曾被称为"洞人"或"峒人"，它的民族来源有很多不同的说法。

侗族古歌《开天辟地》中记载：龟婆孵化了女性松桑和男性松恩，他们结合之后，生下了12种生物，既有人类，也有猛兽。12个子女互相打斗，无法停止。最小的章良和章妹是人类，他们认为人与兽不能一起生活，于是放了一场山火，将老虎赶入山林，将猛龙赶下大海，将蟒蛇赶进山洞，将雷婆赶上青天。

从此，章良和章妹结合繁衍，才有了侗族人。

5

　　从神话故事中可以清晰地看出侗族人对于自然的敬
畏。这种对自然的态度形成了侗族建筑的特色，表现
为人、房屋和自然的和谐统一。侗族的建筑是中国传
统民族建筑中最具特色的类型之一。

侗族的建筑可以分为民居与公共建筑。公共建筑包括风雨桥、鼓楼、戏台、寨门、凉亭、井亭等。其中，鼓楼是侗族建筑的标志。

鼓楼是侗族人民凝聚力的源泉和体现。如果一个侗族村寨要建造鼓楼，那一定是全寨人出钱出力，共同用汗水和智慧完成的。因此，鼓楼对于侗族人民来说不仅是一个公共建筑，更是凝聚着侗族民族精神的文化符号。

　　不论是质量、规模，还是做工的精细程度，鼓楼都远远超过了民居。建造完成后的侗族鼓楼，有着优美的造型、严密的结构、丰富的空间和多样的形式。明代人邝露在《赤雅》中这样描述鼓楼："以大木一株埋地，作独角楼，高百尺，烧五色瓦覆之。"简单的叙述却将鼓楼的俊美淋漓尽致地描绘了出来。

11

鼓楼的种类非常多。按照柱子的数量来分，鼓楼可以分为多柱和独柱两类，其中多柱较常见；按照主体形式来分，鼓楼又可以分为卧式鼓楼和塔式鼓楼两大类。

鼓楼楼身下宽上窄，呈宝塔形，一般分为三个部分。
最上部是伞形宝盖顶，顶端是葫芦形的尖顶，直指云霄。
盖顶一般为四角、六角、八角，并有斗拱装饰，工艺精巧
绝伦，是鼓楼整体结构中最为精妙的部分。

鼓楼的顶层放置着一面大木鼓，叫作"款鼓"。当寨子遭遇火灾、盗匪等紧急情况时，"款首"会派人爬上鼓楼，击打大鼓。这时候，洪亮的鼓声会从鼓楼传遍整个村寨，族民听到危险信号后，会立即开始戒备。

但是，如果有人在非危急的情况下击鼓，会被寨民严厉批评。

鼓楼之所以叫作鼓楼，就是因为放置了这面意义重大的大鼓。

每层楼身之间有简便的攀援梯。这些梯子附在木柱之上，方便人们自由攀爬。

　　鼓楼的中部是鼓楼的主体部分。从上往下看去，层层叠叠的楼身一层比一层宽大。每一层都有檐角飞出，这个翘起的部分叫作翘角，仿佛逐级列队的仙鹤正展翅欲飞。

　　侗族人在鼓楼的横梁和边缘的檐板上描绘出各种各样的图案，包括人物、飞禽走兽、花鸟鱼虫等。这些图案色彩斑斓、栩栩如生、精美至极，象征着吉祥如意和幸福美满。

鼓楼的底层是一个巨大的正方形厅堂，厅堂正中有4根粗大的老杉木作为主承重柱，周围有一圈檐柱，共同撑起整个鼓楼。四周设有嵌入式的长排椅子，供人歇坐。鼓楼底部的面积从几十平方米到几百平方米不等。

　　侗族鼓楼的数量众多，较大一点儿的村寨一般都会有好几座鼓楼。在众多的侗族鼓楼中，要数贵州从江县的增冲鼓楼、湖南通道侗族自治县的马田鼓楼以及广西三江侗族自治县的三江鼓楼最为出名。其中，前两座鼓楼已经被列为全国重点文物保护单位，三江鼓楼始建于2002年，是最有现代意义的鼓楼。

鼓楼是侗族村寨的重要象征。鼓楼建造完成后，全村寨家家户户都要一起庆贺。人们还会在鼓楼旁勒石刻碑，将鼓楼的建造过程记录下来给后人看。

村寨之间还会默默较劲，比较谁家的鼓楼
更好、建造工艺更高超。

说起鼓楼的来历，还有一个民间故事。一个叫作曼林的侗族小伙子受到了杉树王的启示，想要建造一个和杉树王一样高大的木屋。如果有土匪来侵犯，就可以提前发现，及时应战。

　　曼林最终造出了和杉树王一样高的鼓楼，并且制作了一个牛皮鼓，将大鼓放置在了鼓楼里。从此，侗族村寨平安祥和、兴旺发达。

鼓楼是侗族的文化根基，具有非常重要的社会文化功能。鼓楼不仅是侗族村寨和族姓的标志，还是进行集会议事、节庆典礼、调解纠纷、日常娱乐和接待客人的场所。

鼓楼记载了侗族人太多的历史和美好记忆。

侗族的民间文艺非常丰富，其中最值得一提的
要数侗族大歌。侗族大歌是多声部合唱歌曲，内容
通常是模拟鸟叫虫鸣、高山流水等自然之音。它不
仅曲调优美动听，而且在曲式上严密完整，演唱形
式活泼多样，在我国民歌中也是非常独特的。

侗寨老年人教歌，青年唱歌，儿童学歌，以及
民间老艺人传歌、编侗戏都在鼓楼里进行。

侗族人热爱生活，向往幸福。在漫长的岁月里，鼓楼陪伴着他们经历风风雨雨。

每到节日，侗族人就会聚集在鼓楼周围，唱起侗族大歌："鼓楼是村寨的暖和窝，没有鼓楼无处寻欢乐，高高的杉木竖起鼓楼架，有了聚集的场所有了欢乐的歌……"

美妙的歌声环绕在鼓楼四周，回荡在珍贵的时光中。

图书在版编目（CIP）数据

你好，中国的房子. 侗族的鼓楼 / 屠方, 刘欢著；覃小恬绘. -- 北京：电子工业出版社, 2022.7

ISBN 978-7-121-43489-1

Ⅰ. ①你… Ⅱ. ①屠… ②刘… ③覃… Ⅲ. ①侗族－民居－建筑艺术－中国－少儿读物 Ⅳ. ①TU241.5-49

中国版本图书馆CIP数据核字（2022）第085047号

责任编辑：朱思霖
印　　刷：北京瑞禾彩色印刷有限公司
装　　订：北京瑞禾彩色印刷有限公司
出版发行：电子工业出版社
　　　　　北京市海淀区万寿路173信箱　邮编：100036
开　　本：889×1194　1/16　印张：22.5　字数：97.25千字
版　　次：2022年7月第1版
印　　次：2023年5月第4次印刷
定　　价：200.00元（全10册）

　　凡所购买电子工业出版社图书有缺损问题，请向购买书店调换。若书店售缺，请与本社发行部
联系，联系及邮购电话：（010）88254888，88258888。

　　质量投诉请发邮件至zlts@phei.com.cn，盗版侵权举报请发邮件至dbqq@phei.com.cn。

　　本书咨询联系方式：（010）88254161转1859，zhusl@phei.com.cn。